中国轻工业出版社

图书在版编目（CIP）数据

我们的家 / 王文彬著 ; 童悦绘 . -- 北京 : 中国轻工业出版社 , 2025. 4. --（全景图说中国文明）.

ISBN 978-7-5184-5155-5

Ⅰ . TU-092

中国国家版本馆 CIP 数据核字第 2024DN9243 号

责任编辑：李　锋　　责任终审：高惠京　　封面设计：董　雪
版式设计：赵艳超　　责任校对：吴大朋　　责任监印：张京华

出版发行：中国轻工业出版社（北京鲁谷东街 5 号，邮编：100040）
印　　刷：北京博海升彩色印刷有限公司
经　　销：各地新华书店
版　　次：2025 年 4 月第 1 版第 1 次印刷
开　　本：889 × 1194　1/12　印张：4
字　　数：100 千字
书　　号：ISBN 978-7-5184-5155-5　定价：45.00 元
邮购电话：010-85119873
发行电话：010-85119832　010-85119912
网　　址：http://www.chlip.com.cn
Email：club@chlip.com.cn

231260E3X101ZBW

目录

导读 …… 4

旧石器时代，构木为巢，躲避危险 …… 6

山洞里有了温暖的家 …… 8

新石器时代，南北方的家大不同 …… 10

最早的“中国宫殿”：夏王的家 …… 14

西周时期，我们住进了“四合院” …… 16

春秋战国，四合院落有了“高科技” …… 19

台榭高、楼阁美的秦朝宫殿 …… 22

住汉宅，穿美衣，吃美食 …… 26

在唐长安城内，修建我们的家 …… 32

穿越宋朝，带你逛园林 …… 38

红墙黄瓦的明清皇宫在发光 …… 40

近代的家有了“国际”范儿 …… 44

21 世纪，我们的家拔地而起，日新月异 …… 46

未来的我们还会住在地球上吗 …… 48

导读

旧石器时代

旧石器时代，有巢氏通过观察小鸟筑巢，发明了“巢居”，成功地帮助了人们躲避野兽的袭击。

旧石器时代晚期

旧石器时代晚期，北方的山顶洞人住进了天然洞穴中，是人类穴居的典型代表。

新石器时代

南方的河姆渡人建起了二层小楼，干栏式建筑正式登上了历史舞台。北方的半坡人建造了半地穴式的房屋。

近代

列强入侵，在租界内盖起了本国风格的建筑。

现代

人们用钢筋水泥盖房子，万丈高楼平地起。

未来

我们会不会搬到太空住？

夏朝

约公元前 2070 年，夏朝建立了，夏王的家是什么样的呢？

西周

西周时期，家的形式有了很大变化，四合院是这个时期的典型建筑形式。

春秋战国

春秋战国时期，依然以四合院为主。地位高的人喜欢将房屋建在高台上，以此来彰显权威和地位。

秦朝

秦朝时期，木结构的建筑技术快速发展，出现了多层宫殿。

明清

明清时期，赫赫有名的紫禁城出现了，这是明清两代 24 位皇帝工作、生活的地方，而四合院依然是常见的民居形式。

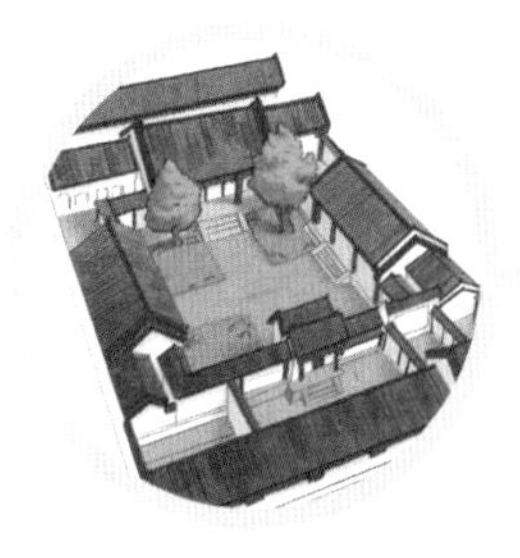

宋朝

宋朝时期，四合院中融入了园林式设计理念。

唐朝

唐朝时期，“家”有了严格的等级划分。

汉朝

汉朝时期，斗拱式建造工艺成熟，房屋更加牢固。房顶大量使用斗拱和吻。

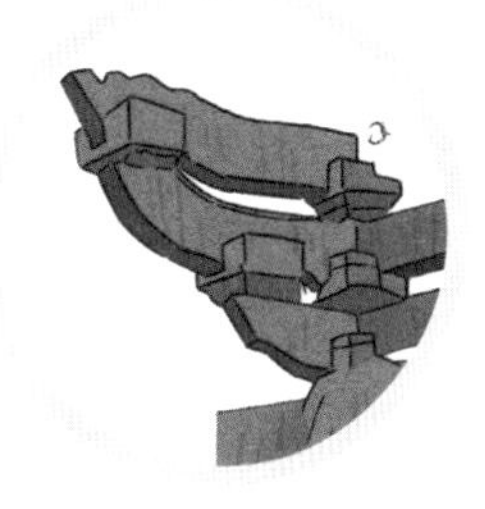

旧石器时代，构木为巢，躲避危险

小朋友们，提到家，你会想到什么？是爸爸妈妈、可口的饭菜，还是整洁的房间？你知道人类最早的家是什么样的吗？在旧石器时代，人类还不懂得建造房屋，只能住在天然洞穴里，经常被野兽毒虫袭击，很不安全。后来，人们受小鸟筑巢启发，开始在树上搭建住所。这种住所既安全又可以遮风挡雨，舒适多了，这种居住方式被称为“巢居”。

饮水以周边的河流为主

水是生命之源，动物离不开水，人类也同样如此，旧石器时代的人们一般会选择在离水近的地方居住。不过，这种住处危机四伏，人类不得不与各种动物打斗，争抢食物。

衣服流行树叶装与兽皮装

人类为了适应多变的天气，也为了保护自己的身体不受伤害，最初只能选用容易获取的树叶、动物皮毛来蔽体保暖。

有巢氏发明了巢居

大约在旧石器时代，有个部落的首领受到小鸟在树上筑巢的启发，发明了在树上搭建房屋的方法，还把这种方法教给部落里的人。大家很感谢他，尊称他为“有巢氏”。

生产工具以石头为主

那个时候，石头、树枝是人类最容易获取的工具。人们利用它们来攻击猛兽，保护自己，获得食物。随着时间的推移，打制石器出现了。

吃饭以生食为主

这个时期的人类还不会熟练地使用火，只能直接吃树上的果子和地上的根茎，生食捕获到的猎物。所以，他们特别容易生病，寿命很短。

为了方便食用肉类，有巢氏发明了“脍（kuài）”和“捣”这两种处理肉类的方式。“脍”就是用石头把肉类切成薄一些的片，“捣”就是用石头将肉砸松散，这些处理肉类的方式一直沿用至西周。

山洞里有了温暖的家

历史的车轮不断前行，现在来到了旧石器时代晚期，你是否好奇这个时期人们的家是什么样子？家里有几口人？让我们去探索距今约3万年前的山顶洞人的家吧，它是穴居的典型代表。

山顶洞人的家洞口朝北，高4米，下部宽5米。

今天我们捕了几头鹿，可真不容易，把它画出来吧！

学会用火啦，再也不吃生肉了！

自制的石器真好用！

这事儿爸爸可管不了，咱家是妈妈说了算。

爸爸，弟弟抢我吃的。

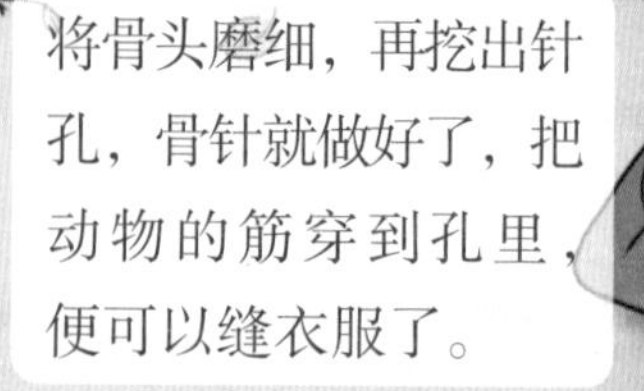

旧石器时代的武器

自制飞石索：用一根绳子拴住一块石头，或用两根长长的绳索绑在一块兽皮的两端，做成一个兽皮兜，将一块大小形状合适的石头放进兽皮兜中，制成“飞石索”。将绳索另一端缠在手上，快速地用力抡起，瞄准猎物投出，可以远程击打猎物。

自制切割工具：用一块石头去敲击另一块石头，碎的石片掉落后，剩下比较尖锐结实的就是石核。它就是旧石器时代的打制石器，可以用来对猎物进行剥皮、切割。

火改变了人类的饮食方式

在中国的大地上，生活在距今约70万—20万年前的北京人遗址中，考古学家们发现了用火遗迹。他们用的火是从哪里来的呢？

闪电引发的自然火。

人们学会了保存火种。

人们学会了人工取火，通过钻木取火或燧石相互敲击的方式取火。

挑战记忆力

小朋友们，故事看完了，你知道山顶洞人有哪些本领吗？

让我们来挑战一下记忆力，请在正确答案前的方块内，涂上你喜欢的颜色吧！

新石器时代，南北方的家大不同

大约在 12000 年前，人类的历史进入了新石器时代。距今约 7000 年前，长江下游的河姆渡人掌握了更多的生活技能。这里的气候温暖潮湿，河姆渡人为了避开潮气和虫蛇的侵害，盖起了“二层小楼”。从此，干栏式建筑正式登上了历史舞台，让我们来看看这一时期的河姆渡人是如何居家生活的吧！

河姆渡人学会了谷物脱壳法

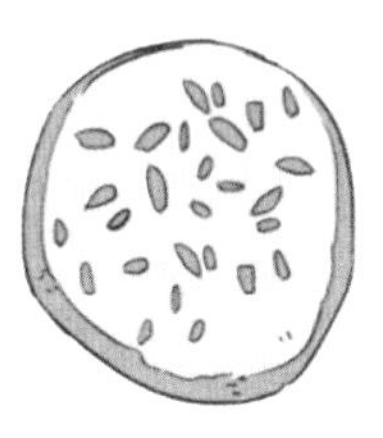

河姆渡人将收割的谷物放在一个石盘上，再用石棒将谷物碾压脱壳。这样做出来的饭既好吃又容易消化。河姆渡人会用陶器盛放和蒸煮食物。

建造木结构的水井

河姆渡人还会挖井。他们建造了木结构的水井，是我国目前发现的年代最早的木结构水井。

制作象牙兽骨饰品

河姆渡人还掌握了简单的雕刻技术，他们用象牙与兽骨制作加工出很多装饰品。

干栏式房屋怎么建

人们先向地下打木桩，在木桩上架起地梁，然后在地梁上铺一层木头和草，上面再立柱子，架梁、盖顶，一个二层小楼就盖好了。一楼用来养猪，二楼用来住人。

接下来，我们再看一看新石器时代住在黄河流域的半坡人的家，他们生活在北方，房屋的形式与南方有很大区别。随着生活经验的不断积累，半坡人的居住环境由天然穴居转变为半穴居，生活技能也有了很大提升，“家”变得更加有模有样了。

半穴居的演变

1.最初，人们只能用石铲，在断崖处挖洞而居，即为“横穴”。

2.随后，为了躲避野兽，防止河流雨水倒灌，人们在坡地上挖穴，形成一个地面以下的斜洞穴。

3.后来，聚落迁移到平原地带，人们又在平地上向下挖竖穴，被称为“袋穴”，顶部是出口，常用枝条、茎叶来遮挡。

4.一段时间后，人们又把顶盖扎结成活动型顶盖，成为屋顶的雏形。

人们新增了许多生活技能

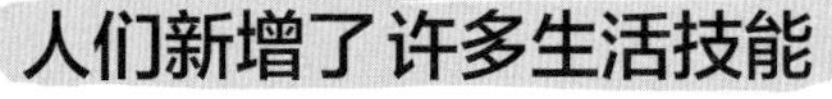

8.地面的木骨泥墙出现，屋建在矮墙上，在房屋四周开挖沟槽，在沟槽中挖洞，用来埋放立柱，在木柱之间用竹条、木条编织来加固，再抹上用草和土搅拌成的泥，用火烤干，使墙体变得坚硬结实，门开在墙上。

7.模拟穴壁的木骨泥墙式半穴居出现，在半穴矮墙下部挖穴，上部搭建空间，为“木骨泥墙”。增加了顶盖，门设在屋盖上。

6.穴的深度继续变浅，地下部分约80厘米，房屋不止中间一根立柱，四周有更多的立柱来加固房屋，顶盖也变大了。

5.后来人们又发明了袋形半穴居，深度变浅，使用空间扩大了。人们用一根粗树干当支架，把树枝做成伞骨形，固定在树干支架顶端，盖上杂草，并留有一个小口，方便进出。

挑战记忆力

半坡人与河姆渡人虽然都生活在新石器时代，但是生活环境、房屋构造、掌握的本领却不同。下列情况中，与河姆渡人有关的请你在方框内涂上绿色，与半坡人有关的请你涂上红色。快来试一试吧！

- □烧制彩陶
- □种粟
- □种水稻
- □干栏式房屋
- □生活在黄河流域
- □生活在长江流域
- □使用纺轮织布
- □半穴居房屋

大量生产工具的发明，推动人类社会进入了农耕阶段。考古研究表明，半坡时期的人们已经学会种植粟。粟就是小米，我国是最早栽培小米的国家。

最早的“中国宫殿”：夏王的家

约公元前2070年，会治水的禹建立了夏朝，之后他的儿子启继位，开启了中国历史“家天下”的时代。这时候的“家”是什么样的呢？让我们通过二里头遗址来看看夏朝中晚期的宫殿——夏王的家吧！

夏王的家长什么样

夏王吃什么

在主殿东边的庑中部有独立的厨房。这个时期，人们的食物种类丰富，粟、藜、麦、稻早已是寻常食物，肉类除了家畜之外，还有野生动物、鱼类等。人工培植的蔬菜已达到20多种，包括韭菜、苦瓜、萝卜、荠菜、豌豆苗、苋菜、蒜薹（tái）、枸杞菜、竹笋等。

夏朝的社会等级已有了明确的区分，贵族与平民在食物种类上有很大差别。贵族家有地窖，吃不完的食物可以放在地窖里保存，而平民只能以粥及简单的自种蔬菜过活。

小知识

家天下

小朋友们或许不知道什么叫“家天下”，要了解什么是“家天下”，需先弄清楚什么是“禅让制”。禅让制是统治者将首领位置让给有才能的人。而“家天下”则是古代的帝王把国家当作自己家的财产，父亲死后由儿子继承，所以，谁家拥有了王权，就相当于拥有了至高无上的权力，还能世世代代拥有这份权力。

夏王的宫殿外有什么

制陶工坊：制陶业在夏朝非常重要。不仅出现了制陶工坊，人们还在陶器出窑前使用施水法，这不仅能使陶器呈现更多颜色，比如灰黑色、黑色或灰色等，还能使其质地更加坚硬。

青铜器铸造作坊：人们利用青铜制造兵器、贵重的生活物品等。瞧！这是来自夏朝的乳钉纹铜爵，可以用来喝酒。

渔业：人们会在河岸边垂钓或撒网捕鱼，也会乘坐小船外出捕鱼。

种地及牧养区：夏朝，大量被抓回的战俘成了早期的奴隶，主要从事生产劳动，学习种植黍、粟、稷、稻等粮食，还要牧牛、放羊、喂鸡、养蚕等。

西周时期，我们住进了“四合院”

历史的车轮滚滚向前，约公元前 1600 年，商朝取代了夏朝，此时家的形式没有太多变化。公元前 1046 年，武王伐纣，建立了周朝，“我们的家”也大变样，四合院成为这个时期的典型建筑形式，不论是房屋的建造方式，还是家居生活都与以往不同。家越来越别致，生活越来越美好。

小知识

什么是四合院

四合院作为中国古建筑的代表，有着3000多年的历史。四指东南西北四个方向，合指四个方向的房屋连成一个“口”字。四合院分一进、二进、三进等，一进的院子，站在高处看像一个“口”字；二进院则像一个“日”字；三进院像一个“目”字，以此类推。

琳琅满目的青铜器

这个时期，青铜器的铸造技术已经很成熟了，做工相当精美。小朋友，你认识下面这些青铜器吗？知道它们是做什么用的吗？

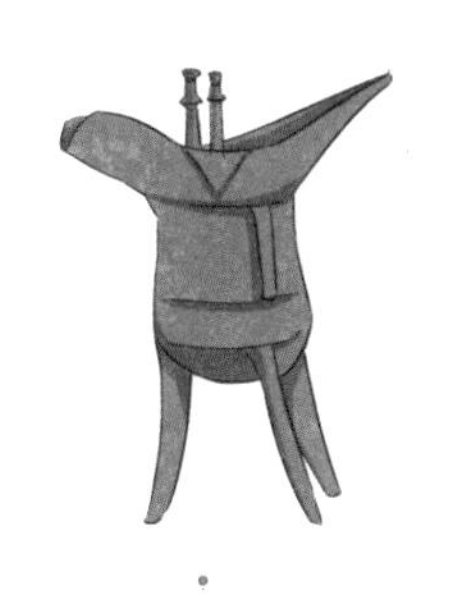

爵，用来盛放、斟倒、加热酒。

尊，用来盛酒的器具。

斝（jiǎ），用来温酒。

簋（guǐ），盛放食物。

豆，用来盛放腌菜、肉酱等调味品。

匕，舀食物的勺子。

鼎，用来煮肉，也是象征国家和统治者最高政治权力的礼器。

匜（yí），洗漱时用来盛水、浇水。

俎（zǔ），用来切肉的铜砧板。

制陶工坊的新工艺：白陶

商朝开始，贵族们对器具的要求越来越高，除了青铜器之外，他们还喜欢上了一种用白色瓷土烧制而成的器具，叫作白陶。白陶器具上有漂亮的图案或纹饰，普通老百姓可是用不起的。

古代也有冰窖

西周的王室里有专设的“凌阴”，就是冰窖，并专门设置管理冰窖的职位，管理冰窖的人叫作“凌人”，专门负责藏冰、管冰。

周人会在夏历十二月采冰，正月里将它们储存到冰窖中。开春后，先用羊羔和新长的韭菜祭祀司寒之神，才可以取冰。夏天时，周天子还会把冰赏赐给大臣。

小知识

井藏

当时，江汉流域（今湖北一带）气候温暖潮湿，冬天只结薄冰，无法凿取厚层的冰块。人们发现用水井也可以冷藏食物，于是“井藏”出现了。

在河南新郑的郑、韩故城遗址，曾发现一座长约9米，宽约3米的狭长形半地下建筑。室内的地面和四壁都砌有方砖，底部一侧有五眼深井，出土了许多陶片和牛、羊、猪、鸡等骨骼。据考证，这里曾是一座冷藏井。

衣服不能随便穿

西周时期讲究礼法，人们的穿衣打扮有严格的标准，比如贵族一般束发为髻(jì)，头戴冠冕或头巾，上衣下裳，交领右衽，系着腰带。这是我国服饰的基本形制，之后的服饰变化都以此为基础。

周朝的常服：上衣下裳，交领右衽，系着腰带。

周朝的冕服：这是天子祭祀时穿的服饰，主要有冠、上衣、下裳，以及舄（xì）等。此时，帝王的冕冠共有6种形制，功能也不同。

周朝的王冠：冠上玉的串数是辨别身份的标志，12串是帝王专用，诸侯9串，上大夫7串，下大夫5串，士3串。

挑战记忆力

这些周朝的青铜器是干什么用的呢？请将答案写在横线上，记不清时可去前文找找。

鼎：用来__________

匕：用来__________

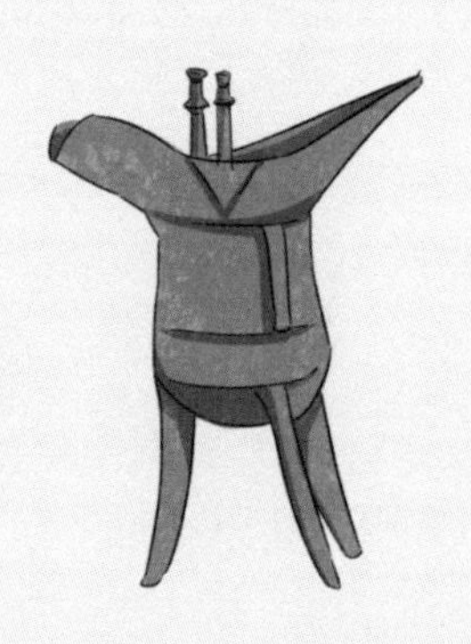

爵：用来__________

尊：用来__________

豆：用来__________

春秋战国，四合院落有了“高科技”

公元前770年，周平王迁都洛邑（今河南洛阳），拉开了春秋战国的序幕。这一时期，各诸侯国为了彰显地位，对子民起到威慑作用，不惜耗费大量的人力、物力建造房屋，虽然还是以四合院落为主，但盖房子的方式变了，细枝末节处更显“高科技”。当然，不是所有人都住得起四合院，人们会根据自己的身份地位、经济水平、家庭人口数量等，来决定盖什么样的房屋。地位高、富裕的人家可以修建二进院、三进院。

房屋建在高台上

这时的房屋是土木结构为主的混合建筑，把房屋建在高台上是此时的一大特点。

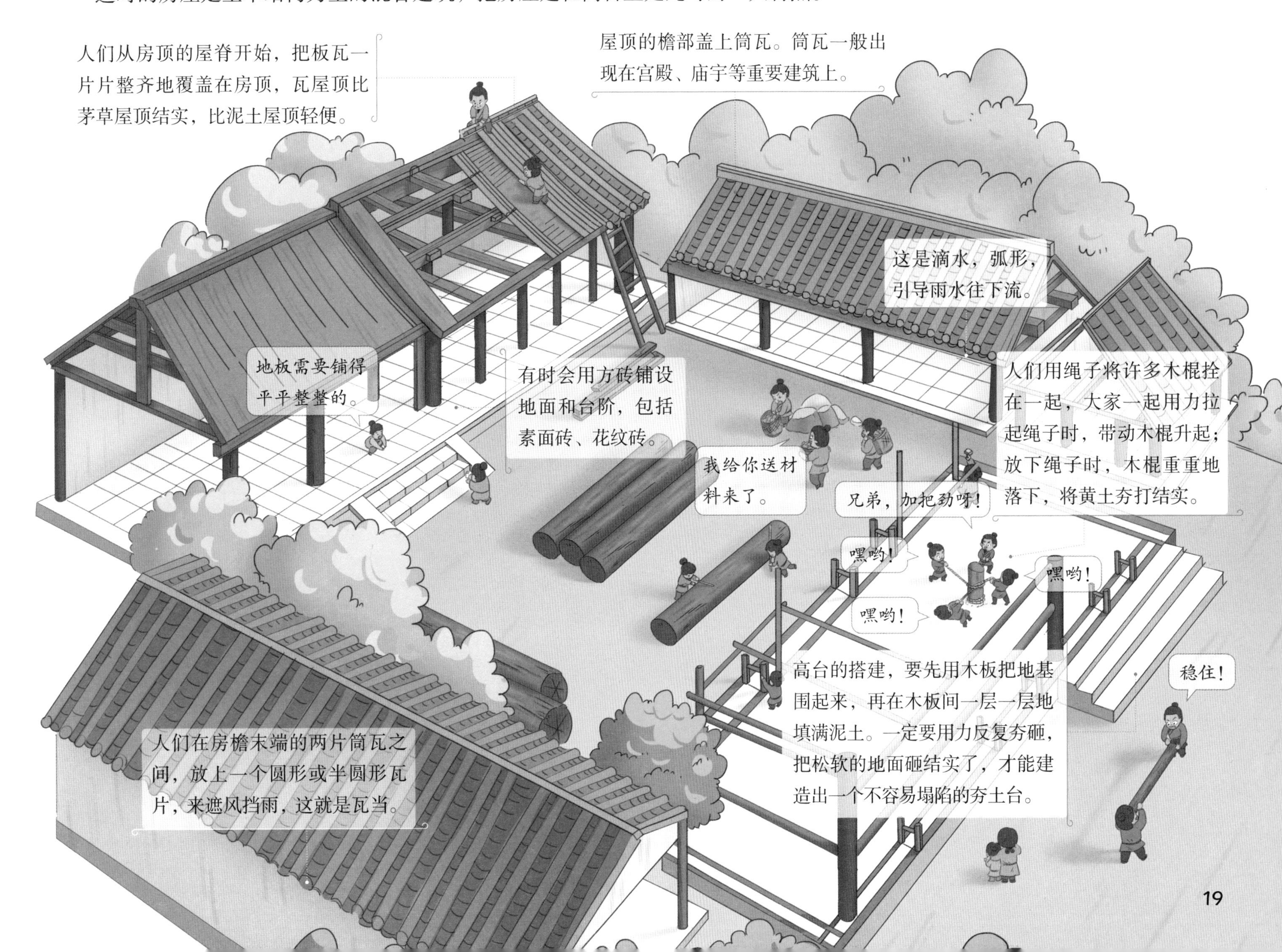

织布做衣服

春秋战国时期的衣服，比以前更舒适美观了。有钱的贵族们穿着质地轻薄、刺绣精美的华丽绮罗，平民百姓穿着麻布织成的布衣。

小知识

榫卯技术让房屋更牢固

人们用木头搭建房屋时，因为连接不牢固，房屋很容易坍塌。于是，人们开始想办法，采用凹凸结合法将两个木头件连接起来。凸出的部分叫榫（sǔn），凹进去的部分叫卯。二者结合，解决了木件不易衔接的问题，使它们更加牢固、稳定，房屋的抗震性也大大增强。

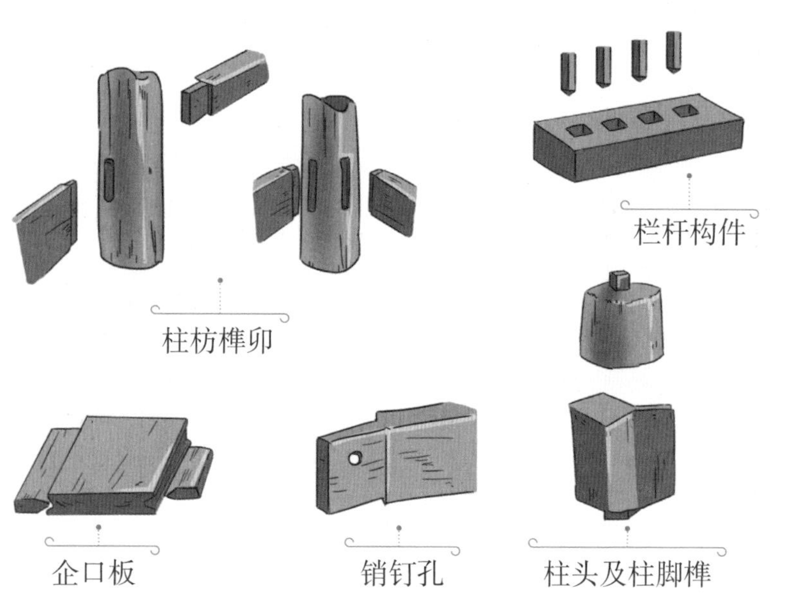

历史名匠——鲁班

春秋时期，鲁国出现了一位能人，姓姬，公输氏，名班，人们都叫他鲁班。他生长在一个工匠家庭，从小就跟着家里人做过许多与建筑相关的工作，掌握了很多技能。他不仅是一位有名的工匠，还是一位发明家，很多木匠用的工具都是他发明的，鲁班也因此被尊为“木匠鼻祖”。

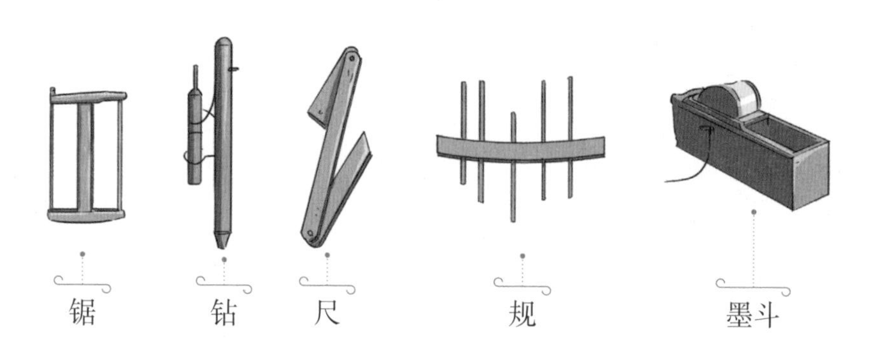

铁制工具真好用

春秋战国时期，冶铁技术逐渐成熟，人们开始大量制造铁制工具，大大提高了农业和手工业生产水平。

种出好吃的

这一时期，牛耕技术出现并迅速推广，牛成了农民种田的好帮手。

人们还会将动物的粪便分门别类，给不同的土壤做肥料。牛粪用在红色且坚硬的土壤里，羊粪用在绛红色的土壤里，麋（mí）粪则用在比较潮湿的土壤里，鹿粪用在沼泽地里。

人们还会将秸秆泡在水里，它们腐烂后就是很好的肥料。还有人将秸秆烧掉后，用草木灰来提升土壤的肥力。

家具更美了

春秋战国时期，家具也有了各种款式。漆器家具在这个时期最为流行，古时候的油漆都属于天然漆，来自漆树。

制作漆料时，先将生漆从植物中提取出来，脱水后制成干漆，然后倒入各种颜料，调制成不同的颜色。

春秋战国时期，漆料的颜色以黑色和红色为主。把漆料涂抹在家具上，不仅能让家具更好看，还能防腐、防蛀。

台榭高、楼阁美的秦朝宫殿

西周时期，木结构建造技术处于萌芽期，春秋战国时，木结构建造技术得到了较大的提高。到了秦朝时期（公元前 221—前 207 年），木结构建造技术已经发展成熟。秦朝的都城建有大量多层宫殿，使用的砖瓦十分精致，房子看上去富丽高大，尽显霸气。

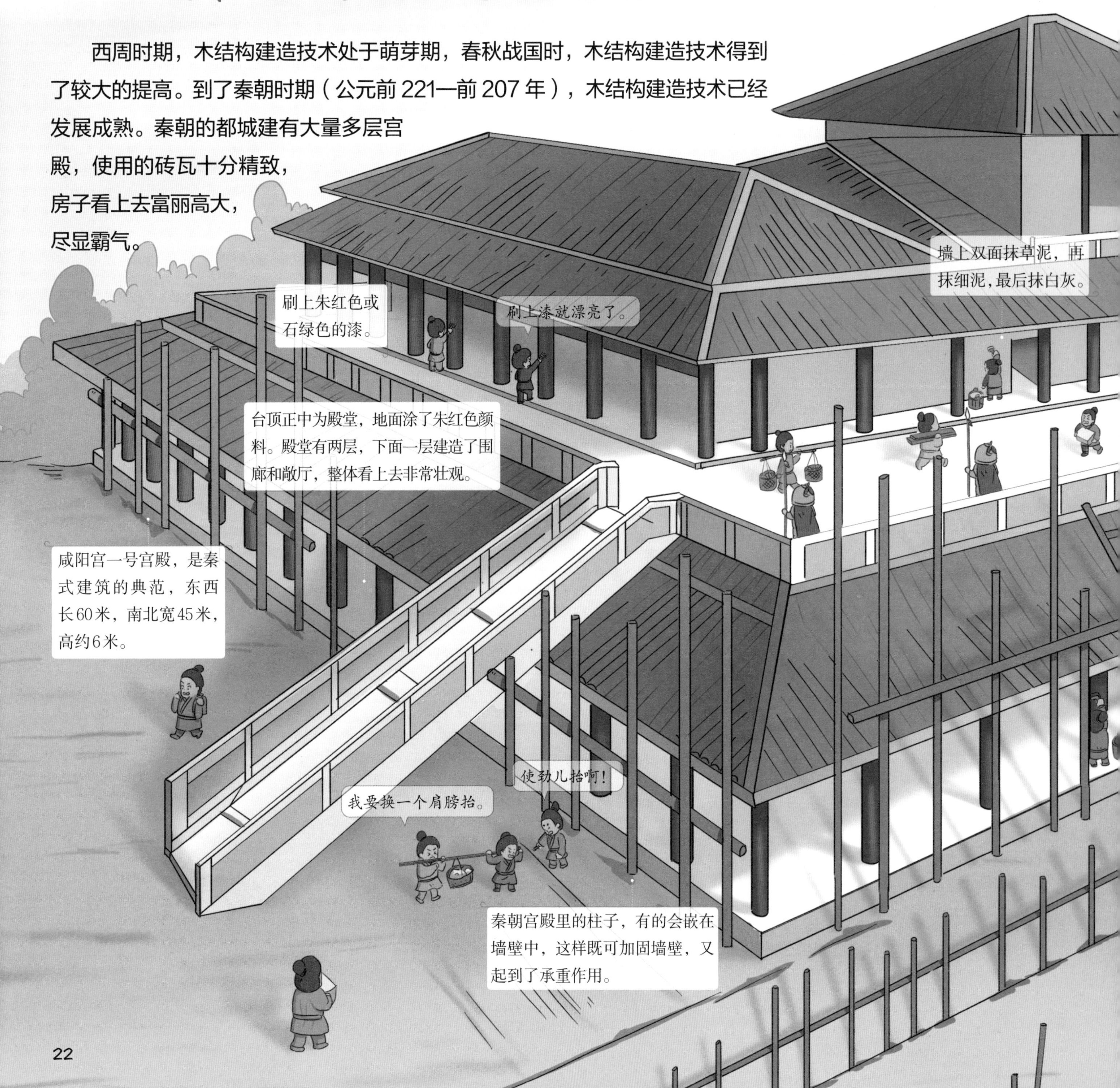

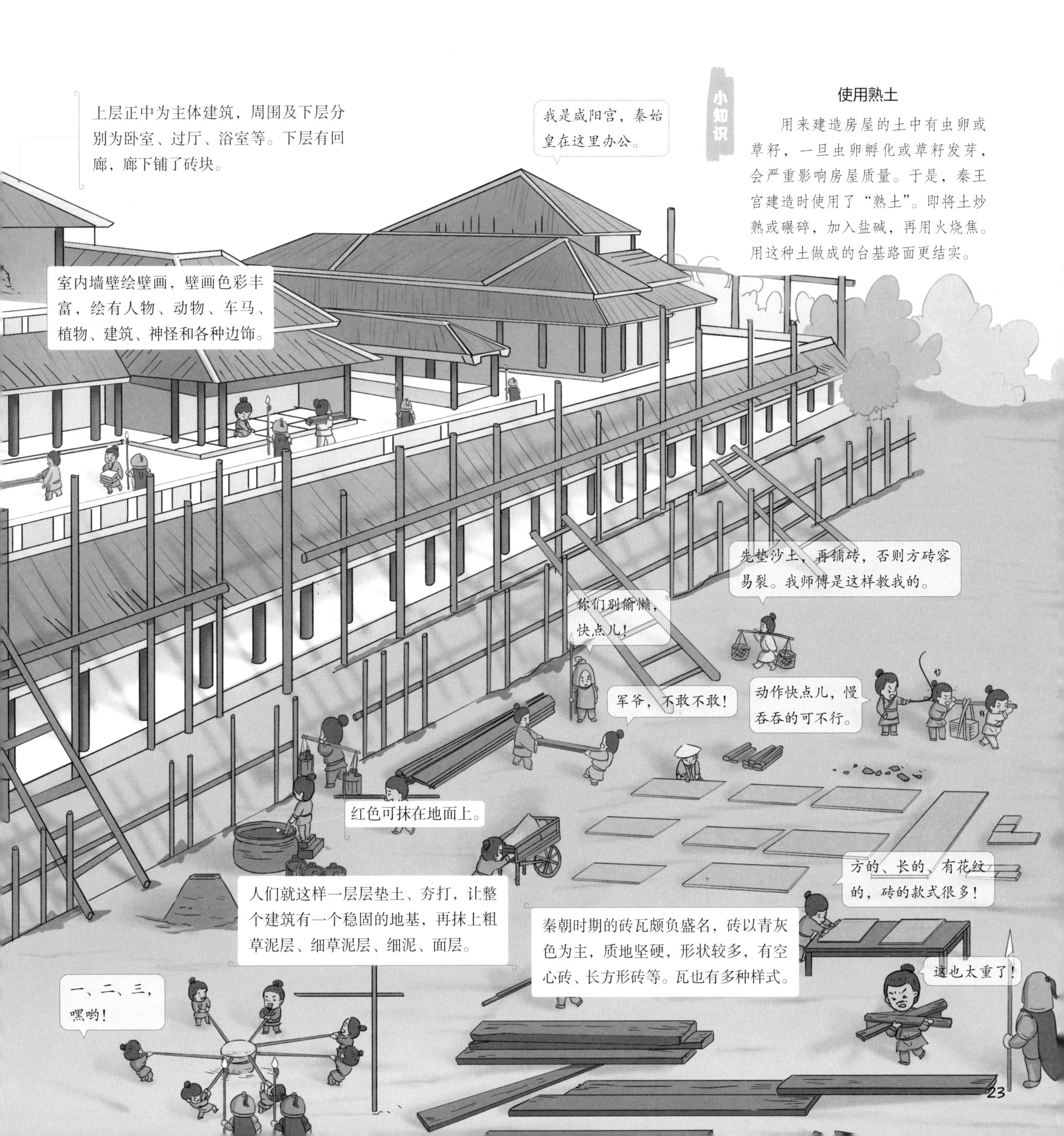
上层正中为主体建筑，周围及下层分别为卧室、过厅、浴室等。下层有回廊，廊下铺了砖块。
我是咸阳宫，秦始皇在这里办公。
小知识
使用熟土
用来建造房屋的土中有虫卵或草籽，一旦虫卵孵化或草籽发芽，会严重影响房屋质量。于是，秦王宫建造时使用了“熟土”。即将土炒熟或碾碎，加入盐碱，再用火烧焦。用这种土做成的台基路面更结实。
室内墙壁绘壁画，壁画色彩丰富，绘有人物、动物、车马、植物、建筑、神怪和各种边饰。
先垫沙土，再铺砖，否则方砖容易裂。我师傅是这样教我的。
你们别偷懒，快点儿！
军爷，不敢不敢！
动作快点儿，慢吞吞的可不行。
红色可抹在地面上。
方的、长的、有花纹的，砖的款式很多！
人们就这样一层层垫土、夯打，让整个建筑有一个稳固的地基，再抹上粗草泥层、细草泥层、细泥、面层。
秦朝时期的砖瓦颇负盛名，砖以青灰色为主，质地坚硬，形状较多，有空心砖、长方形砖等。瓦也有多种样式。
这也太重了！
一、二、三，嘿哟！

回到秦朝怎么吃

席地而坐，分食美味

秦朝时，人们延续了战国时期的习惯，喜欢坐在地上吃东西。铺在下面的叫“筵”，“筵”上面的叫“席”。当时，身份不同的人用的席子层数也有不同要求，比如天子用五重席，贵族用两重，普通人用一重。

席地而坐吃美食。

筵

席

结实的餐具

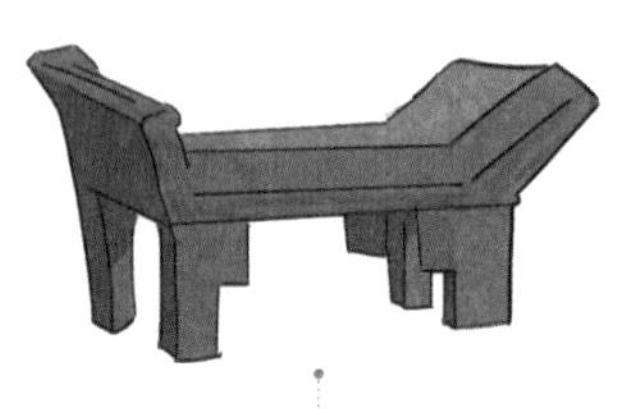

案：贵宾入席而坐，每人面前都有一个摆放食物的案，案多为木制，形状低矮，有点像现在的茶几。

鼎：盛放肉食和羹汤。

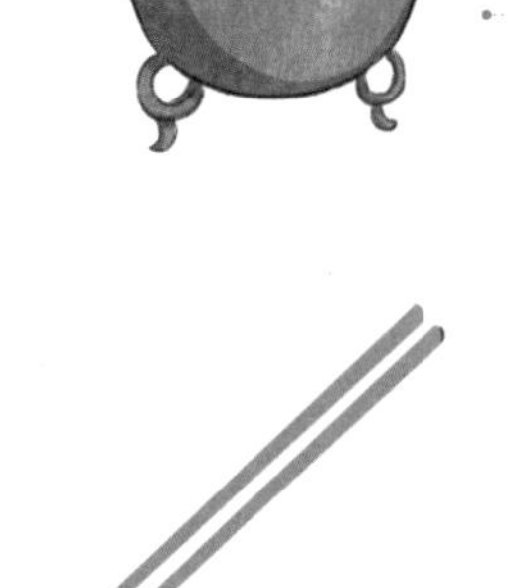

敦：盛放黍、稷、粱、稻等饭食。

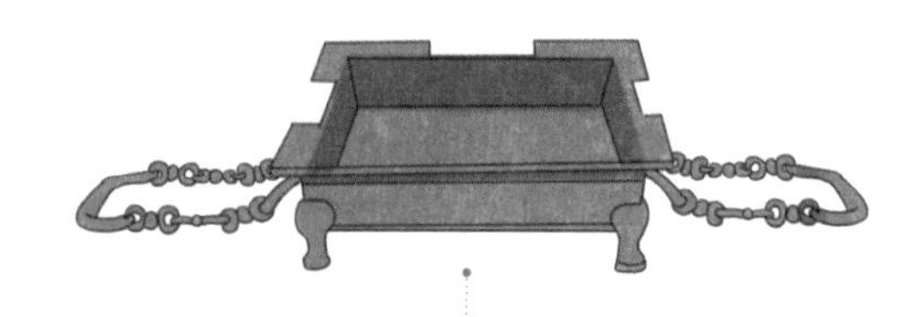

火炉：有了火炉以后，人们吃肉不再只有陶罐煮制这一种方式，各色烤肉非常受欢迎。火炉多为青铜制品，形状各异，敞口。

酒杯：图中为云纹高足玉杯，据考证，这是秦始皇或其嫔妃们用过的酒杯。

箸：相当于现在的筷子，多为铜制。

匕：由木胎削制而成，并绘制纹样，用于舀取食物。

简单却让人幸福的食物

这时候，人们实行分餐制，自己吃自己的。那时的人们吃的都有什么呢？

秦朝人一天吃两餐，南方人的主食以稻米为主，北方人的主食以小米为主，西北地区的人还会吃黍（黄米）、菽（大豆）、麻、麦、高粱等。

秦朝时期的菜、肉、饭。

秦朝人不食用牛肉，但猪、羊、鸡、狗肉等均有食用。

秦朝的蔬菜品种比较少，主要有葵、藿、薤（xiè）、葱和韭。葵是现在的冬苋菜，藿是大豆的叶子，薤是现在用来腌咸菜的藠（jiào）头。

秦朝的水果品种也很丰富，梨、桃、李、杏、柿子、橘子、梅子等都是当时常见的水果。

秦朝时期的水果。

秦朝人穿什么

秦始皇称帝后，不仅统一了货币、文字等，还对服装进行了一些改动。他废除周朝的六冕之制，形成了秦朝自己的着装风格。

皇帝平时怎么穿

头戴通天冠：高约30厘米，正面垂直而下，顶部稍斜，看上去像山，以铁为卷梁，前面有一种专门用于礼帽的装饰物——展。帽子的两侧各有一个小孔，可以插簪子，将通天冠固定在发髻上。簪子的两端有两根丝带，可以绕到下巴下面，系紧后可使冠更稳固。

身穿黑色衣裳：秦朝以黑色为尊，禁止百姓穿黑色系的衣服。秦始皇喜欢穿黑色宽袖上衣、绛色围裳。

老百姓穿什么

此时的人们都习惯穿一种名为“曲裾（jū）”的衣服，相当于把一块布在身上绕着穿，人被包裹在里面。

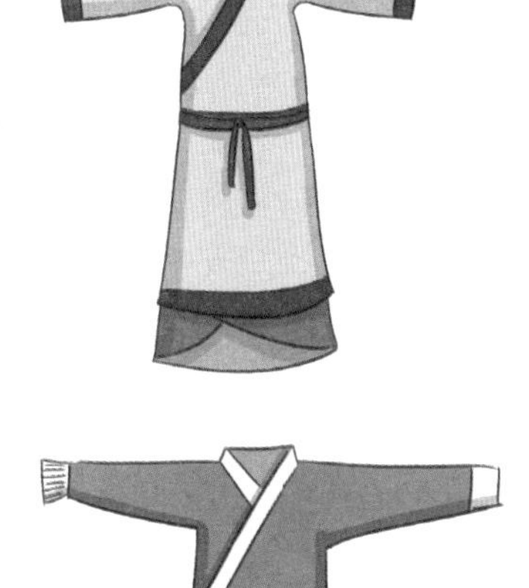

秦朝男子多穿着连身的袍，左边的衣襟稍长，可以向右绕到背后，腰间用带子系紧。长袍的长度一般到小腿，短袍则到膝盖处。裤子的样式有点像现在的小朋友们穿的灯笼裤。

秦朝女子已经开始穿深衣，就是连身的长衣，同样以曲裾为主，袖子有宽袖与窄袖两种形式。

住汉宅，穿美衣，吃美食

公元前 202 年，汉朝建立。汉高祖刘邦命人营建新的都城——长安（今陕西西安），城内修建了很多雄伟的宫殿。此时的建筑上出现了大量斗拱式设计，还有各式各样的吻兽。

皇后的家——椒房殿

汉高祖刘邦在位时修建的宫室大殿颇多，最有名的是“椒房殿”，这是皇后住的地方。工匠们将花椒磨成粉末刷在墙壁上，有香味，既可驱虫，又有“多子”的寓意。

宫室内壁：宫殿室内的墙壁中间有壁柱，以夯土和土坯为主，外涂一层坚硬的朱红色细泥沙。墙面用彩色壁画装饰，甚至挂着壁毯。

椒房殿用的是空心夹墙，俗称“火墙”，添火的炭口在殿外的房檐下，炭口里烧上木炭，热力就可顺着夹墙温暖整个大殿。火道尽头设有排烟孔，可以防止缺氧或火道气流不通畅。

房子的组成部分

斗拱和吻兽

斗拱是中国古代木结构建筑的重要组成部分，也是中国古代建筑具有代表性的特征之一。斗拱上承屋顶，下接立柱，扮演着“顶天立地”的角色。其中，呈弓形的承重结构叫拱，拱与拱之间垫的刻有槽口的方形木块叫斗。

吻兽是一种装饰性建筑构件，多模仿一些动物形状制作而成，比如鸱（chī）吻、凤、狮子等。一般放置在屋顶。

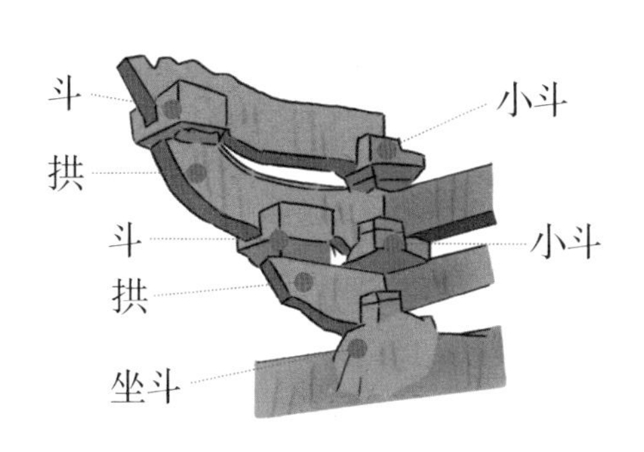

花纹地砖

地砖继续沿用花砖的样式，也有用黑红两色漆地的做法，还有用兽毛丝麻织成毡毯铺在地上，有的人家甚至铺设了西域地毯。

长信宫灯

长信宫灯通体鎏（liú）金，灯具的形状为一宫人，左手执灯，右手及衣袖笼在灯上，与灯罩融为一体。

灯盘可以转动，灯盘中心的铜扦（qiān）子是用来插火烛的。灯罩可以开合，点上灯时，灯的亮度和照射角度可以调整，很像今天的调控灯。

宫人的身体是空心的，右臂与烟道相通，点燃蜡烛时所燃烧的烟尘顺着右臂进入宫人体内，这样既不会因为缺氧而影响照明，又能避免烟尘污染空气。

屏风

汉朝人习惯将堂的正面敞开，因此需要放置屏风和帷帐来抵御风寒。

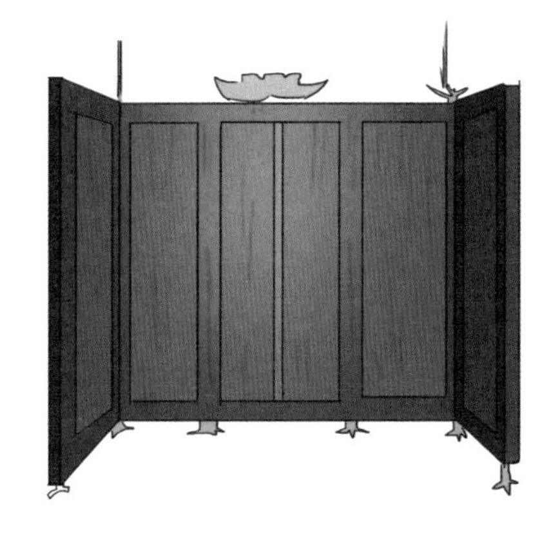

室内家具——榻

先秦时期，古人多是跪坐在席子上，后来为了防潮，人们又发明了矮床。榻是床的一种，是汉朝普遍使用的一种坐具。

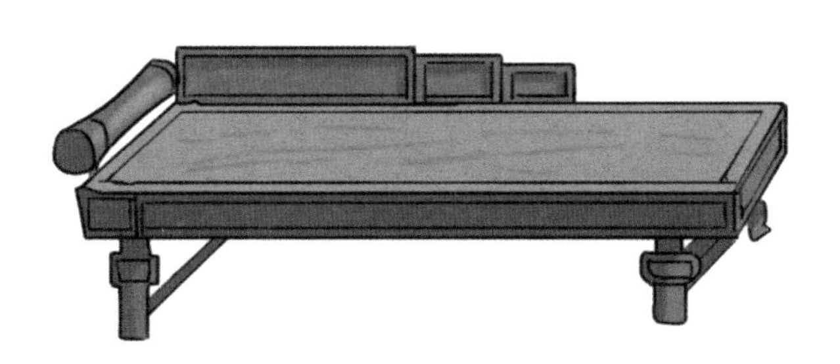

梳妆镜：铜镜和镜台

汉朝时，不仅有手持的铜镜，还出现了镜台，人们把镜台放在桌子上就可以梳妆打扮。

美丽的汉朝衣服

现在，汉服已成了中国名片。在汉服的发展史上，汉明帝起到了重要的作用，他确立了以冠帽区分等级的汉朝冠服制度。现在的人们可能喜欢汉服飘逸的大裙摆，也可能醉心于它精致的款式，或者沉迷于它透露出的文艺气质。不过，把汉服穿在身上可是相当费时费力的。汉服的穿法很复杂，我们来看看汉朝的小朋友是怎么穿的吧！

第一步：穿内衣

这时的内衣主要分抱腹和心衣两种，二者相差不多，都只有前片没有后片，穿起来比较省事，双臂穿过肩带后，在背后系好带子就可以了。

前

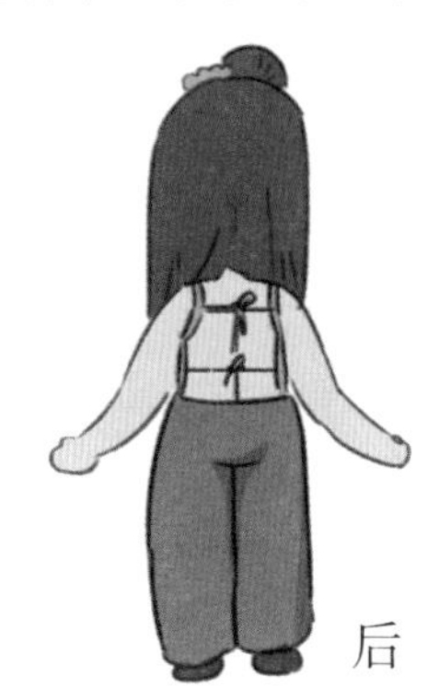

后

第二步：穿长裤

①抽拉裤子两边的带子。

②将两条带子交错。

③将带子系好，收紧腰身。

第三步：穿中衣

①先将右襟与左边内侧的带子连接。

②再将左襟与右外侧的带子系紧。

第四步：穿裙子

①将左侧的带子和内侧的带子系好。

②再将左襟与右外侧的带子系紧。

第五步：穿曲裾

①将右襟与左内侧带子系紧。

②把左侧衣襟捡起，翻出领子。

③将左襟顺腰绕至背后，并与右侧带子系紧。

④完成。

汉朝的纺织业很发达，当时已经出现了纺车和织机，加工效率大大提高。汉朝服装的原料也更加丰富，老百姓的衣服多用麻、葛来织造，贵族们穿着用丝绸织成的华丽服饰，新疆地区还种植了棉花，人们用棉花或羊毛作为衣物的原料。

手摇纺车：由木架、绳轮、手柄、锭子四部分组成，除锭子是金属材质外，其余都是木制的。人们用它把各种材质的纺丝，制作成织布用的线。

提花机：花纹和图案用这台机器制作，机器转动，布料上的图案就会慢慢呈现出来。

小知识

素纱禅衣

素纱禅（dān）衣是国家一级文物，长160厘米，两只袖子打开伸直长195厘米，重量仅有48克。它出土于湖南长沙马王堆汉墓，现收藏于湖南博物院中，迄今已有2000多年了。

素纱禅衣可谓“薄如蝉翼”，现代的科学家们也想做出一件这样的衣服，但实验却失败了。原来是因为现在的蚕宝宝比古代的要肥大许多，吐出的丝更粗、更重。后来，科学家们又不断尝试，花了13年时间，终于仿制了一件素纱禅衣，重量为49.5克。

有滋有味的汉朝美食

汉朝人学会了在田地里插秧，还会在水塘里种莲蓬，养蟹、鱼……这一时期，食物的品种越来越多，食物的调味方法也更多样。

制酱

①先挑选好黄豆。

②将黄豆煮熟，倒上小麦粉，拌匀，做成饼状，然后装缸。

打盐卤水

汉朝的井盐生产技术逐渐提高，不仅出现了“深六十余丈(约合138米)”的盐井，还能够利用力学原理，采用楼架，安装定滑轮汲取卤水，提高采卤效率。最后采用温锅热卤水蒸发水分，得到调料“盐”。

小知识

釜和甑

做饭时，汉朝人会用到釜和甑（zèng）。釜是用来煮食物的，相当于锅。甑一般与釜合用，甑的底部有眼孔，烧火的时候底部的蒸汽可以从眼孔中通过，与现在的蒸锅很像。汉朝还有制作面点的专用蒸笼，铜制，由釜、甑、盆三件套在一起组成。

汉朝人厨房里的烹饪器具

炉灶：汉朝人在炉灶上做饭，类似现代农村的柴灶，呈长方体，前有灶门，后有烟囱。灶面上有一个大灶眼，同时还有一两个小灶眼。灶上有陶制、铜制、铁制的器具，用来烤或煮食物。

小知识

其他调味料

除了咸味调料，还有以梅子为原料制成的酸味调料。甜味调料有蜂蜜和甘蔗汁等。辣味调料有花椒、姜、葱、大蒜等。

染器：汉朝已经有小火锅了，叫“染器”。染器小巧玲珑，由盘、炉和耳杯三部分组成。吃火锅时，将酱汁、盐等调味品放在耳杯中，调味品被染器下面的火炉加热，这时，就可以将煮好的肉食，放入耳杯的调料中蘸（zhàn）着吃。

汉朝人吃饭时专器专用

汉朝有一种餐具，有点像大型的浅盘，可以连同放在上面的餐具一起端起来，一般配有喝酒用的杯子、盛菜肴的盘子、筷子等。

在唐长安城内，修建我们的家

唐高祖李渊于公元618年建立了唐朝，在历史上留下了浓墨重彩的一笔，此时，中国的政治、经济等都有了很大变化。而我们的家也有了严格的等级划分，皇帝、王公大臣和平民住的房子规格不同，修建的标准也不同。

举行盛大庆典的含元殿

大明宫，位于长安城的东北部，是唐朝最大的宫殿建筑群，面积相当于4个故宫。大明宫的正殿是含元殿，位于大明宫的中轴线上，面阔13间、进深6间，体量巨大，气势雄伟，是唐朝举行重大典礼的地方。

含元殿分为上下两层，翼角翘起，像一只飞燕。屋脊采取叠瓦设计，屋脊两端还装饰了鸱吻，一般呈鸱鸟嘴或鸱鸟尾状。

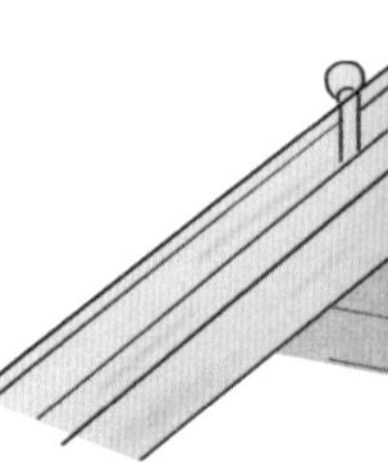

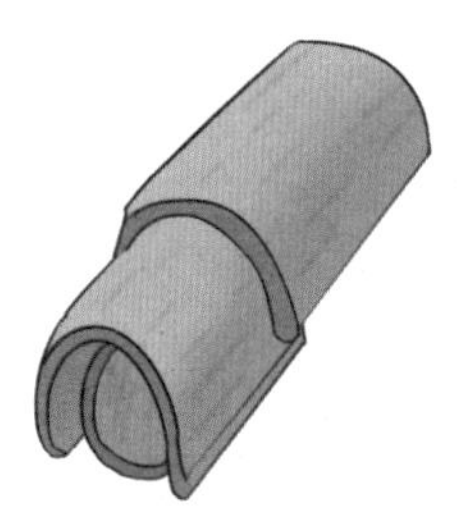

含元殿各式各样的瓦

含元殿使用了板瓦、筒瓦和瓦当等构件。板瓦有素面的陶瓦，也有经过烧制的琉璃瓦，筒瓦也有陶制和琉璃制两种。

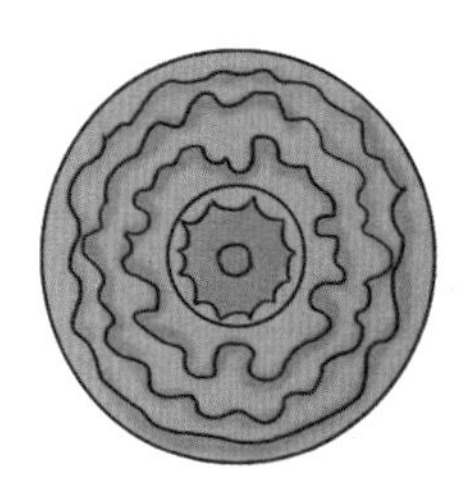

漂亮的瓦当

含元殿上所用的瓦当，都是模印莲花纹。莲花纹的样式较多，发掘出土的瓦当直径大多超过15厘米。

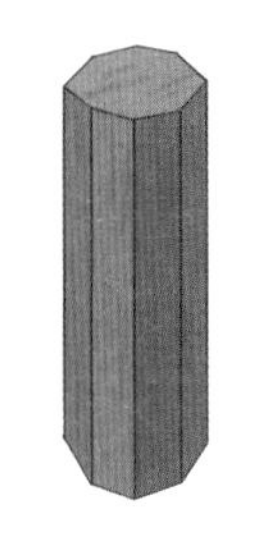

殿内的柱子

屋里的柱子一般都会刷红漆，柱身多做成梭形、八角形。

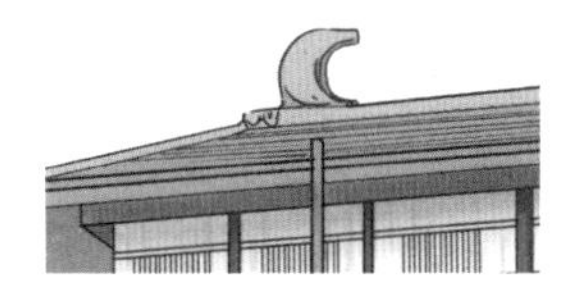

房屋上的兜架

穿斗式建筑，又叫“兜架”，早在汉朝时就已经出现。穿斗式建筑所用的柱子更加细密，沿着房屋的进深方向立一排柱子，每根柱子上顶一根檩（lǐn）条，柱与柱之间用木串接，连成一个整体。

小知识

按等级规划住房

唐朝时期的房屋建筑形式仍然是四合院，但人们不能随意买地建房，政府对每户人家的建房面积有着严格要求。首先要根据人口数量申请建房用地，三口之家的住房通常可占地522平方米，六口之家可占地1044平方米。其次，身份不同，房屋面积也不同。城市里的普通民众的住房面积应该在200平方米左右，而达官显贵人家的住房面积很大，可达到上千、上万平方米。

唐朝贵族豪华住宅的样式大致如图：长方形两进院落，沿着中轴线对称分布，中轴线上有大门、四角攒尖亭、前堂等，两侧是进深较浅的厢房，院落里还有假山、圆亭等。

殿内大多用花砖铺地面

唐朝时，砖被广泛用在建筑物中。除了建造砖塔之外，宫殿内部一般也会用花砖铺地，图案大多是一些花花草草，极具古典韵味。含元殿遗址就出土有素面方砖、莲花纹砖、四叶纹和团花纹等多种地砖。

在大唐品尝世界各地的美食

唐朝人的饮食既有中原的传统美味，又有中亚、南亚以及北方少数民族的特色美食。

唐朝人以麦、稻、粟（小米）为主食，还会食用其他杂粮。当时，出现了很多新的烹饪方法，比如“青精饭”“团油饭”，面食的种类也大为丰富。唐朝人的肉食以猪、羊、鸡、牛为主。水产品中有海产品，唐朝捕鱼风气很盛，当时有道非常知名的菜——“切鲙（kuài）”，其实就是现在的生鱼片。打猎得来的猎物，如鹿、兔子、野猪、熊等，也经常出现在唐朝人的餐桌上。

当时最常见的蔬菜有葵、韭、芹菜、薤（xiè）、芥菜、藕等。

唐朝名贵的吃喝用具

喝茶

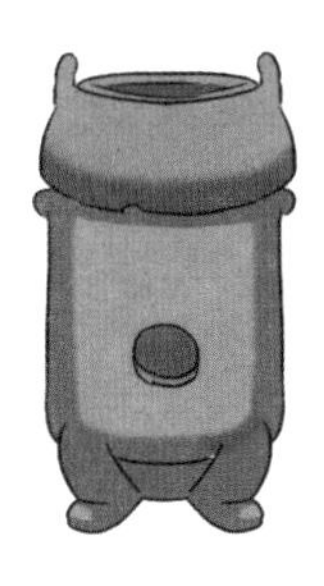

茶叶从南方传入了北方，成为唐朝人必不可少的饮品。他们把茶叶放在锅里煮，煮的时候洒些盐来调味，被称为“煎茶”。

金杯

银壶

茶具也开始流行起来，茶碗、茶杯、茶壶等大多为金、锡或陶瓷材质的。

盛茶器

茶叶放在哪里贮存呢？这款鎏金龟形银盒就是盛放茶叶的器具。它的造型是一只乌龟，龟首昂起、尾部向下弯曲、深腹、平底、四腿紧贴腹体，左足前掌履地，好像在行走。龟壳可以开启，盛放茶叶。

吃饭

这柄银质食具名为鸿雁衔绶纹银匕，可以用来舀取食物。匕首呈椭圆形，后带一鸭首形柄，通体錾花。匕首正反两面均饰鸿雁衔绶纹，周围配以折枝花、莲叶等纹样。

喝酒

夜光杯，用玉琢成的名贵饮酒器具，据说，将美酒盛在其中，放在月光下，会闪闪发光。

家具的功能分类

中唐时期，高型家具明显增多。晚唐时期，高型家具已经成为家具的主流。人们不再跪坐，开始垂足坐，室内出现了正式的桌、椅、几案、床榻、凳等家具，此时，家具大多成套使用，有了功能分类。

与众不同的唐朝服饰

圆领袍衫是唐朝男子的日常服装，样式为上衣下裳连属的深衣制，穿圆领袍衫时头上戴幞（fú）头，脚穿乌皮六合靴，腰上系革带。

唐朝男子的长袍出现了新穿法，他们喜欢把圆领敞开一侧，让袍子前面的一层襟自然松开垂下，形成一个好看的翻领。

幞头是中国古代一种包头用的软巾。自汉朝起，男子为了方便劳作，外出时就会用一块布把头发裹住。幞头最初的名字叫“幅中”，后来才有了“幞头”之称。幞头在唐朝时，在全国流行开来。

小知识

不同颜色服装代表不同官阶

唐朝官吏的服装有着严格的等级制度，在颜色上有很大的区别。

- 黄色近似太阳的颜色，为皇帝常服专用的色彩。
- 紫色为三品以上官员的服色。
- 浅绯色为四、五品官员的服色。
- 深绿色为六品官员的服色。
- 浅绿色为七品官员的服色。
- 深青色为八品官员的服色。
- 浅青色为九品官员的服色。

披帛是唐朝女性最为独特的装饰，用绫、帛、丝、罗等材料制成，一端固定在半臂的胸带上，再披搭在肩上，旋绕于手臂间，看起来就像仙女下凡。

襦裙服：唐朝女子上穿短襦或衫，下穿长裙，肩上披搭一条帛巾，也可以加半臂（即短袖）。

唐朝女子的妆容和发髻

唐朝是一个开放的国度，女子地位很高。唐朝不仅经济发达，还将时尚推上了一个新高度。唐朝人不仅在服饰上推陈出新，就连女子的妆容发髻也非常美。下面让我们一起看看，唐朝女子是如何化妆、盘发的吧！

画个唐朝美人妆

①敷铅粉

②抹胭脂

③画黛眉

④贴花钿

⑤点面靥（yè）

⑥描斜红

⑦涂唇脂

梳个唐朝美人髻

①半翻髻

②云髻

③盘桓髻

④惊鹄髻

⑤倭堕髻

⑥双环望仙髻

穿越宋朝，带你逛园林

两宋时期（公元960—1279年），优美的园林闻名天下。大户人家会注重庭院设计，比如在庭院里放一两块太湖石赏玩，江南一带的大户人家更是注重把家修建在山水写意的自然环境之中。

这是宋朝一户富贵人家的四合院，和以前的四合院相比，它有何独特之处呢？

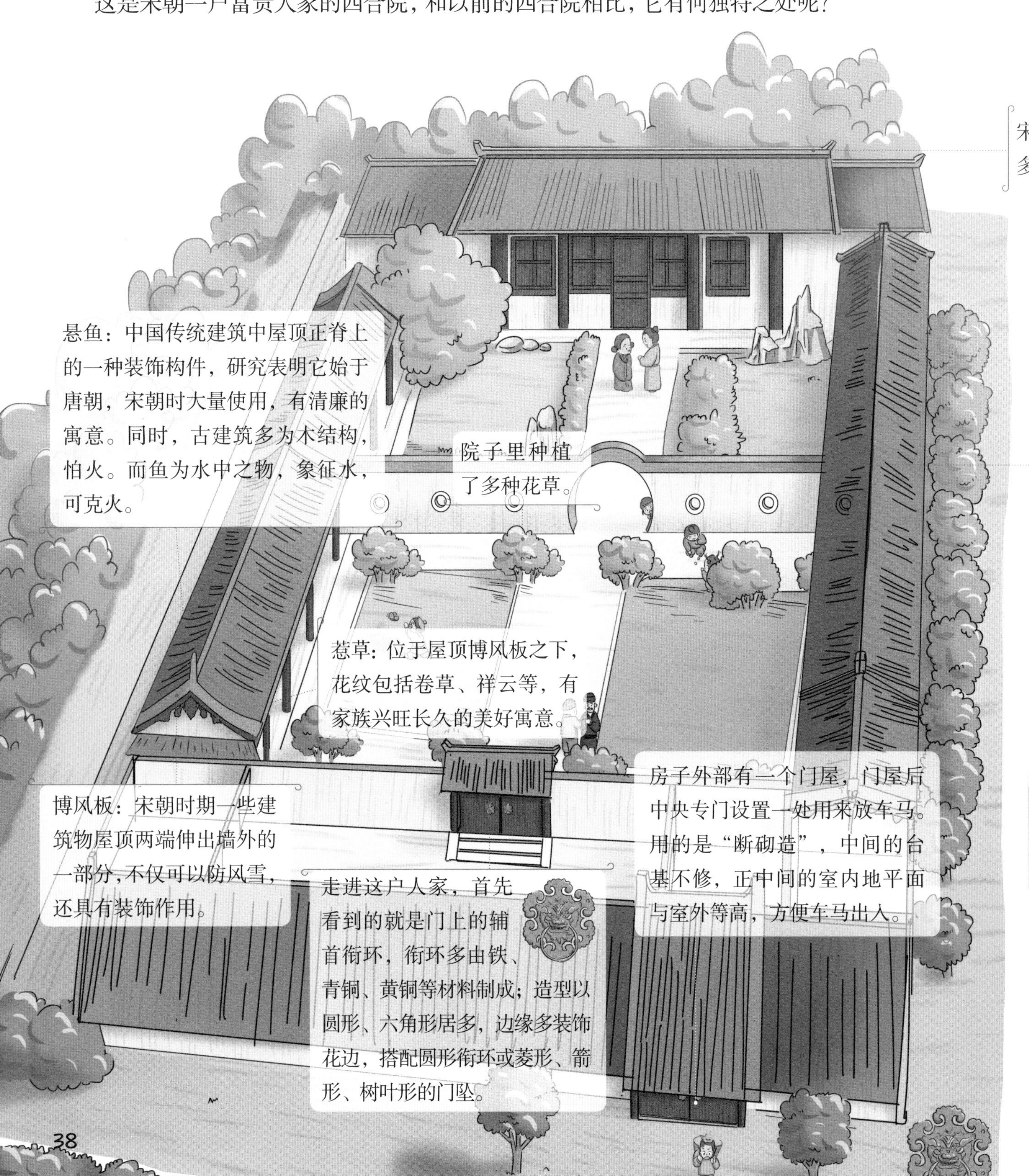

宋朝的民宅屋顶以悬山顶居多，它是一种双坡式屋顶。

民宅的四周不再是廊院，而是廊庑。四周有壁，可以住人了。仔细看一看，四周的回廊像不像一个“工”字？

小知识

不一样的斗拱

斗拱早在汉朝就已经出现，到了唐宋时期，已经成为房屋设计中不可或缺的部分。宋朝时的斗拱层数明显增加，使屋顶更稳固，看上去也更加美观。

家里通了“自来水”

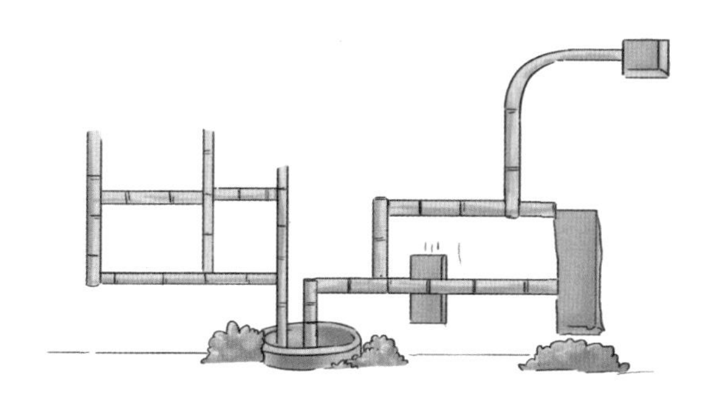

据说，大文豪苏轼（字东坡）发明了水管。苏轼被贬到惠州（今广东惠州）时，听说广州城中老百姓喝的都是又苦又咸的江水，于是给广州的官员写信，建议用竹管把山上的好水引入城中。可以把竹管密封严实后连接起来，从城外“借水”直通城中，再用竹管分别引水至千家万户。同时设有多道闸门，可控制水的流量。

质朴、雅致的宋朝家具

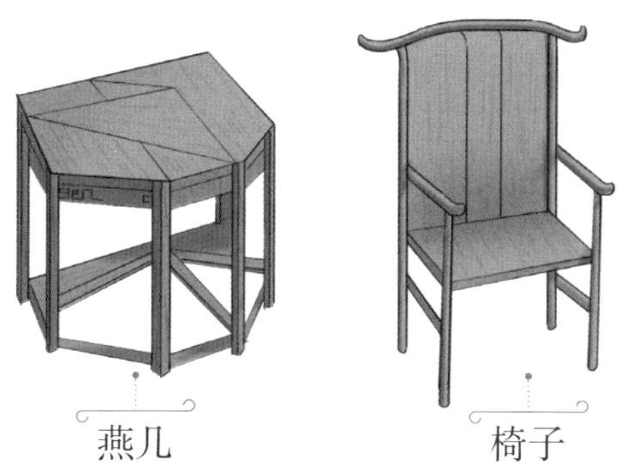

宋朝时期，家具的样式延续了唐朝风格，以高型家具为主。宋朝时书法、绘画等艺术盛行，此时期的家具造型古雅、色彩纯净，没有复杂的雕琢，给人以质朴、雅致的感觉。

向苏东坡学做菜

苏东坡在黄州（今湖北黄冈）做官时，发现当地有钱人不喜欢吃猪肉，而穷人又不知道猪肉该怎么烹调。于是他潜心研究，做了一道红烧肉，被大家称为“东坡肉”。后来，他还发明了东坡豆腐、东坡羹、东坡饼、东坡蜜酒等美味佳肴。

饭后一起来吃茶

宋朝人饮茶喜爱典雅精致的点茶法。点茶前，先用沸水将杯盏冲洗预热，然后将适量的茶粉放入茶盏中用沸水点泡，将茶粉调成膏状，再添加沸水，边添水边用茶具击拂。反复多次，直至茶汤颜色呈乳白色，表面泛起稳定的“汤花”，这才算泡出一杯好茶。

宋朝家具造型简洁，装饰典雅。

宋朝时期的餐具多为陶瓷制品，以汝窑、官窑、哥窑、钧窑、定窑这五大名窑所产瓷器最为出名。

平头案和黑漆交椅为高型中式家具。交椅椅圈弧线柔婉，看起来很雅致，后背板以浮雕开光，简洁、明快。

红墙黄瓦的明清皇宫在发光

公元1271年，忽必烈建立元朝，后将都城定于大都，即现在的北京。1368年明朝建立后，先定都于南京，明成祖朱棣时又将都城迁往北京。他命人在元大都遗址上，参照南京皇宫的样式，修建了更加宏伟壮丽的宫殿——紫禁城。到了清朝，四合院就是北京常见的民居了。四合院的四周是封闭的墙，中间有一个院子，一家人住在一起。

紫禁城是如何变成故宫的

紫禁城是一项规模浩大的工程，自公元1406年开始，历时14年才建造完成。紫禁城占地72万平方米，大约有100个足球场那么大。明清两朝的24位皇帝在这里工作生活过。

明朝初期，人们把它叫作皇城，直到明朝中后期，才改名为紫禁城，意思是皇帝的家，禁止进入。

1912年，清朝最后一位皇帝溥仪退位。1924年，溥仪离开了紫禁城。1925年，故宫博物院成立，简称故宫。

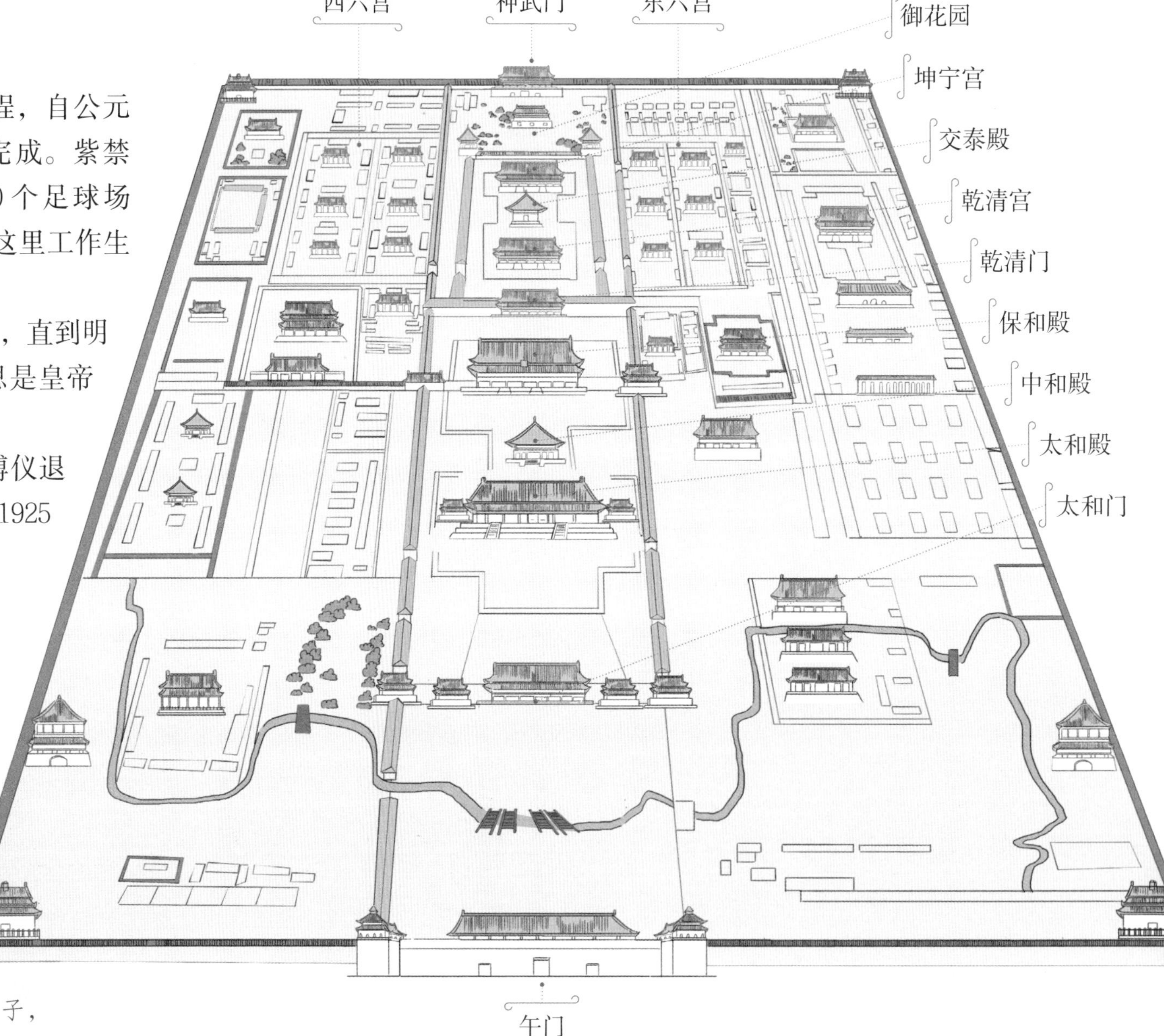

小知识

上千间房子

紫禁城的房子到底有多少间？有人说多到数不清楚，也有人说有9999间半。传说天帝居住的天宫，有1万个房间，皇上身为天子，不能超过天帝，所以就盖了9999间半，那半间就是文渊阁的楼梯间。据统计，紫禁城保存到现在的房子有9371间。它是世界上现存面积最大、保存最完整的木结构建筑群。

故宫分为外朝和内廷，外朝有三殿两翼，三殿为太和殿、中和殿、保和殿，左右两翼为武英殿和文华殿。内廷有三宫，分别是乾清宫、交泰殿、坤宁宫，还有御花园及东西六宫。故宫周围环绕着长约3400米的宫墙，形成了一个长方形的城池，宫墙刷成红色，寓意兴旺。故宫的屋顶是用象征皇权正统的黄色琉璃瓦铺成的。

一家人按照辈分搬进“北京四合院”

四合院是我国传统的民居形式。明清时期，四合院建筑达到顶峰，以北京四合院为典型代表。其传统的营造技艺，被列为国家级非物质文化遗产。

北京四合院的格局很方正，以院落为核心，大多呈长方形。不同规模的四合院拥有不同的院落数量，可以看出家中主人的地位。

后罩房主要供未出嫁的女子或女佣居住。

内宅中位置优越显赫的正房，都是给主人居住的。

两侧两间仅向堂屋开门，形成套间，呈一明两暗的格局，两侧多做卧室。

东西厢房为晚辈居住，厢房也是一明两暗，正中一间为起居室，两侧为卧室。

进了大门，我们能看到一面影壁。影壁也叫照壁、萧墙，可以遮挡视线，保护主人的隐私。

北房三间仅中间一间向外开门，称为堂屋，是家人起居、招待亲戚或年节时设供祭祖的地方。

有钱人家的大门旁边有一排“倒座房”，不用进院子就能进入。倒座房大多冬天冷，夏天热，多是男佣居住，也可以作为临时的接待室。

四合院强调对称美，重要的建筑基本在中间那条线上，唯独外大门一般偏向东南方向。

门当户对的由来

古代，门当户对的意思是看一家的门，大概就知道这家主人的身份地位。

第一，你可以数一数门上的门钉。如紫禁城每扇门上有81个门钉，亲王家每扇门有63个，郡王家每扇门有49个。

第二，看四合院门的样式，大概有六种形式，分别是广亮门、金柱门、蛮子门、如意门、墙垣式门、西式门。其中，广亮门的等级最高，修得像房子一样，将门安在中间的柱子上。其次为金柱门，安放门的柱子前移了一些。等级再低一点的门，叫蛮子门，直接安装到了临街的柱子上。

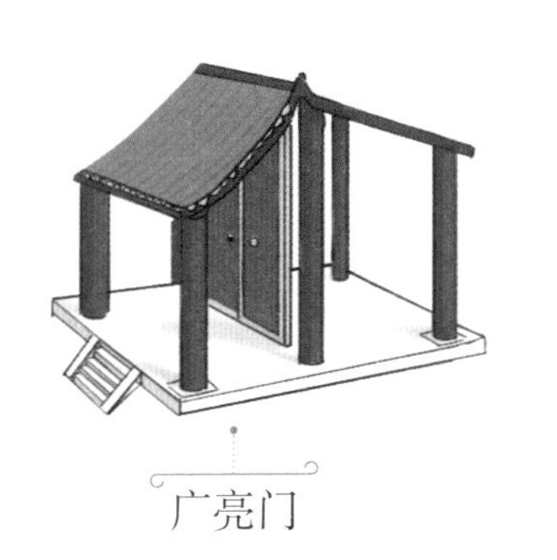

广亮门

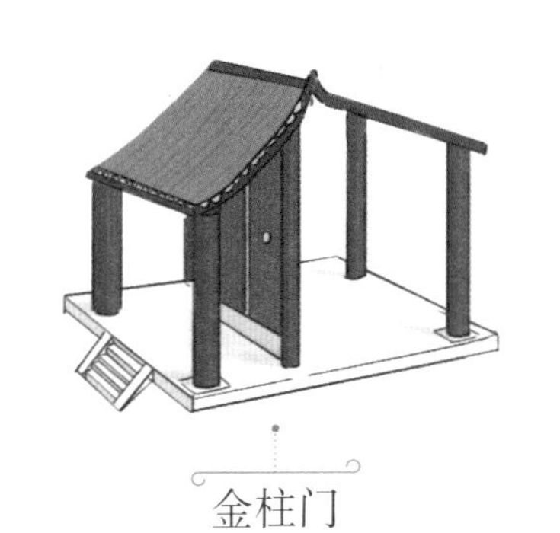

金柱门

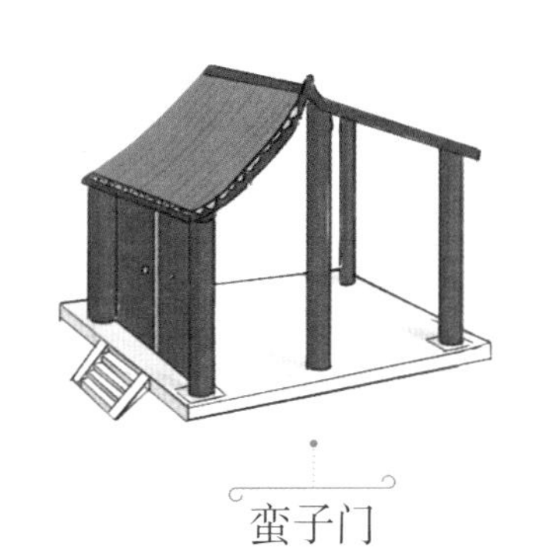

蛮子门

数一数，看这是谁的家？

一起品尝满汉全席

满汉全席是清朝时期独具特色的宫廷盛宴，始于康熙时期，兴盛于乾隆时期。精美的菜品原料来源于百姓民间，经清宫御厨精雕细琢，变成豪奢精致的御膳风味。满汉全席共有108道菜，南菜54道，北菜54道，山珍海味应有尽有，据说要分3天才能吃完。

清朝贵族男子怎么穿

清朝贵族男子，平日里头戴常服冠，内穿常服袍，外穿褂或者端罩，袍外腰上系常服带，下穿便靴。根据场合的不同，使用的褂也不同，而是否佩戴朝珠则需要依场合而定。

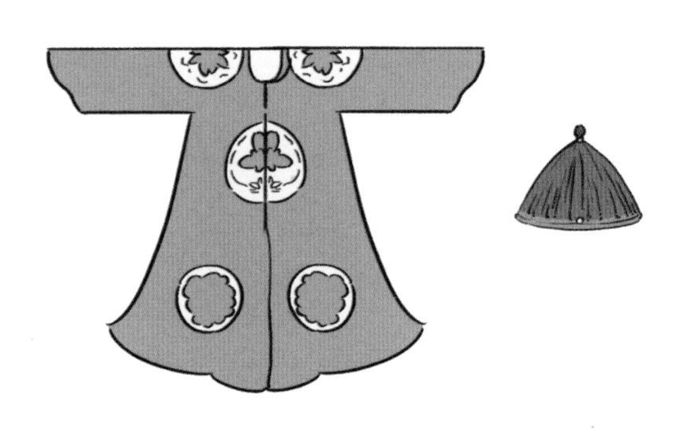

清朝贵族女子的发型、穿着特点

清朝时期，女子的发型有很多，如叉子头、燕尾、大拉翅等。其中大拉翅是清朝满族女子最具特色的发饰，又称为旗头。

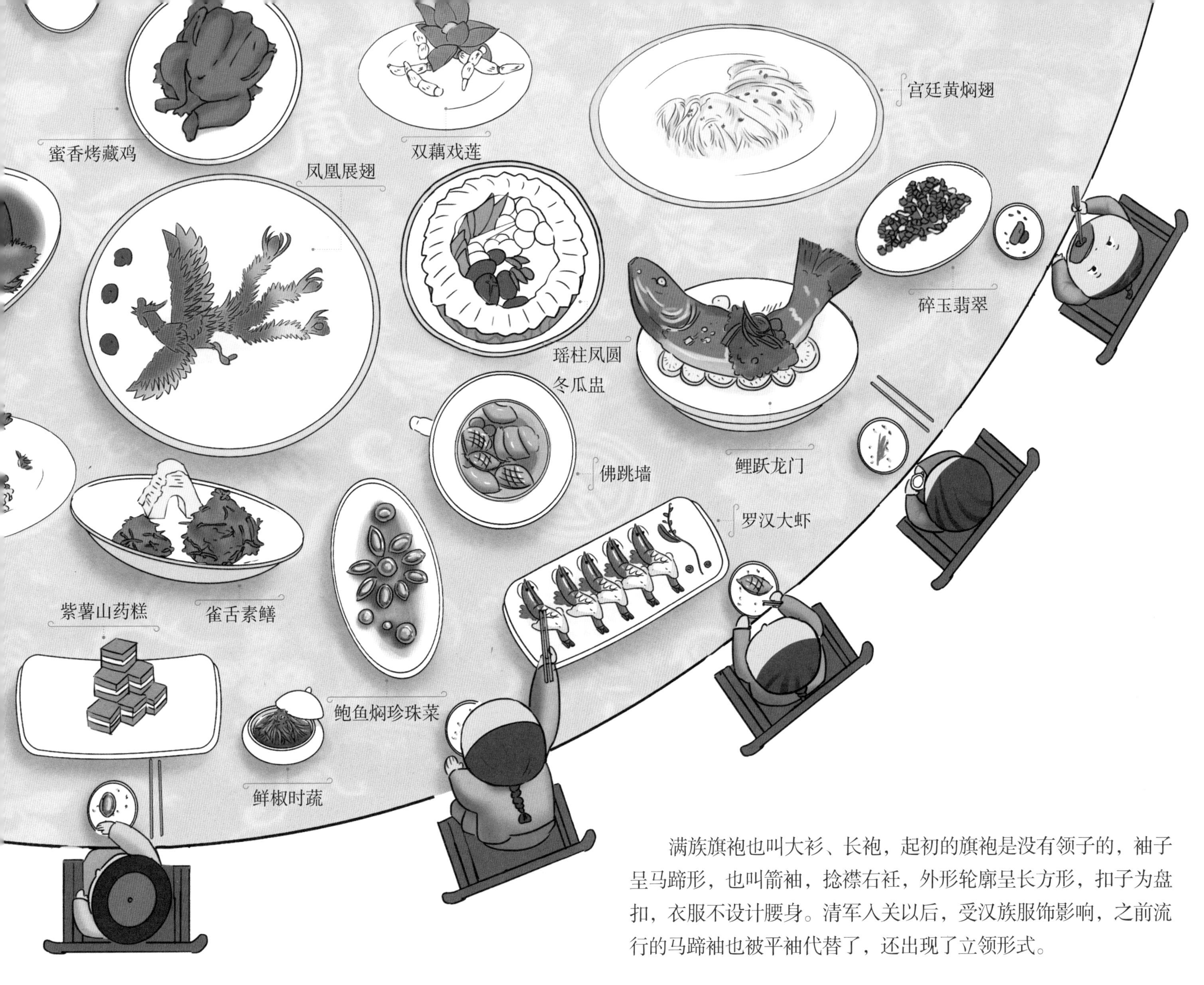

满族旗袍也叫大衫、长袍，起初的旗袍是没有领子的，袖子呈马蹄形，也叫箭袖，捻襟右衽，外形轮廓呈长方形，扣子为盘扣，衣服不设计腰身。清军入关以后，受汉族服饰影响，之前流行的马蹄袖也被平袖代替了，还出现了立领形式。

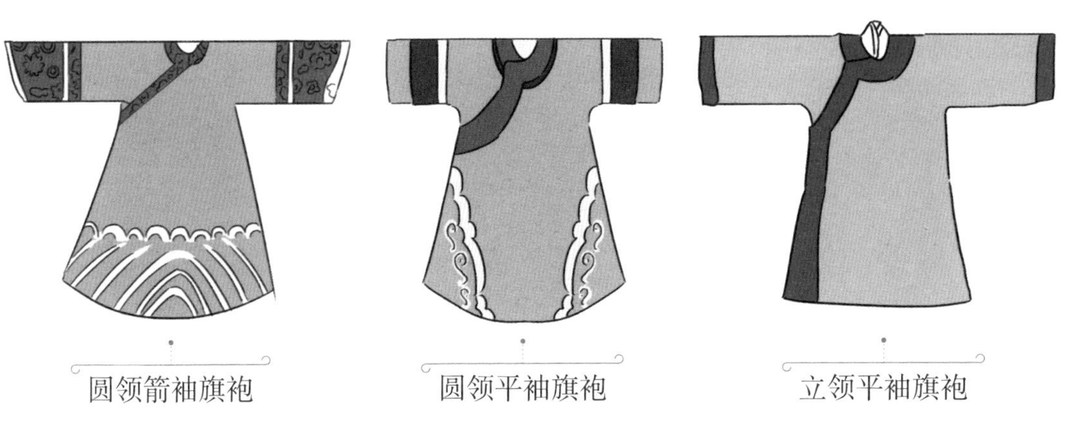

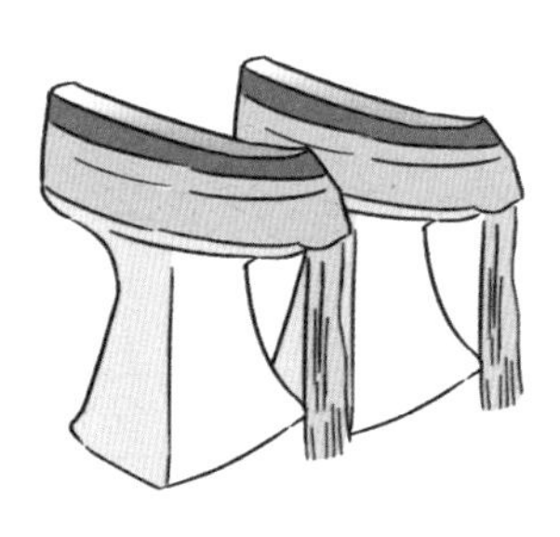

花盆鞋又叫旗鞋，以木为底，用白布包裹起来，通常位于鞋底中间，高三四寸，也有七八寸的。有钱的人用绸缎做鞋面，老百姓多用布做鞋面。

近代的家有了“国际”范儿

1840年鸦片战争爆发，西方列强入侵，中国沦为半殖民地半封建社会。列强在中国建立租界，带来了西方风格的建筑，中国传统的建筑样式、服装和生活方式，都受到外国的影响，发生了很大的变化。

中国出现了西式小洋楼

这座西洋小楼，不再是单纯的木结构，而采取了砖混结构。它用砖来砌墙承重，并用钢筋混凝土来盖房梁、房柱和楼板等。这样的设计适合建造低层房屋，因为主要用的是黏土砖，牢固性和稳定性还是稍差了一些。

中华民国的由来

1911年辛亥革命爆发，次年1月1日，由孙中山先生领导的中华民国临时政府在南京成立，这便是民国时期的开始，而1912年被称为民国元年。从此时开始直到1949年新中国成立之前的37年为中华民国时期。

衣服穿得越来越“洋范儿”

民国时期，长袍马褂并未被强制废除，还是有不少男子会穿一件长衫或者大褂，下穿长裤，上穿短衫，也就是小褂或者袄。同时，人们的穿衣风格也受到外国影响，有些男人会穿着洋味十足的西装。

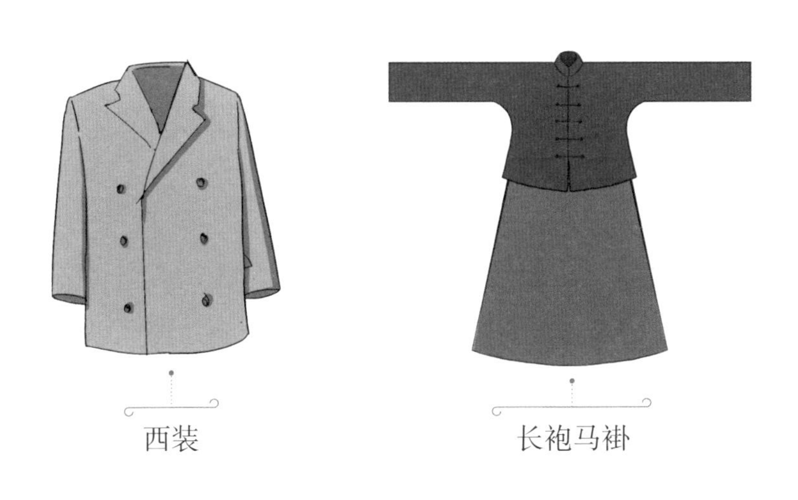

西装

长袍马褂

西洋美食摆上餐桌

民国时期，受西式文化影响，很多地方开始有了西餐馆，人们吃上了牛排等西餐。街上还出现了奶油蛋糕店，罐头是那时最时髦的商品之一。

民国时期的女子，在服装选择上更加自由，款式、色彩、纹样等十分丰富。街头上，有人穿着传统服饰，有人穿改良衣裙，一些富家小姐则穿着漂亮的洋装。

裙子和短衫的搭配，延续了清末女子的传统装扮。

从日本传来的新式女装，上衣半长倒大袖、圆下摆，下身则是长至脚踝的长裙。

女子开始穿西式套裙，服饰进一步变革。

民国建立初期，女性勇敢地追求解放，在服饰上，开始摒弃那些繁复的褂袄等，追求简洁，新式旗袍便出现了，并延续至今。

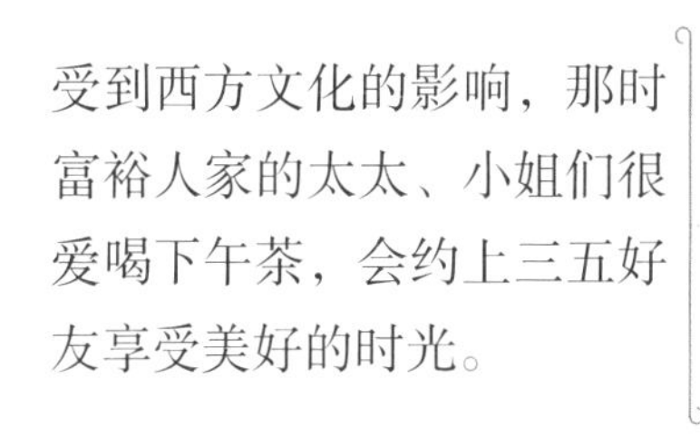

受到西方文化的影响，那时富裕人家的太太、小姐们很爱喝下午茶，会约上三五好友享受美好的时光。

21世纪，我们的家拔地而起，日新月异

进入21世纪后，随着科技的进步，家越来越安全便利，钢筋混凝土结构解决了抗震问题，上上下下的电梯解决了爬楼搬东西的困扰，视频对讲解决了居家安全问题……

钢筋混凝土浇筑

钢筋混凝土，是指通过在混凝土中加入钢筋网、钢板等构成的一种组合材料。最常见的就是在混凝土中加圆钢筋。

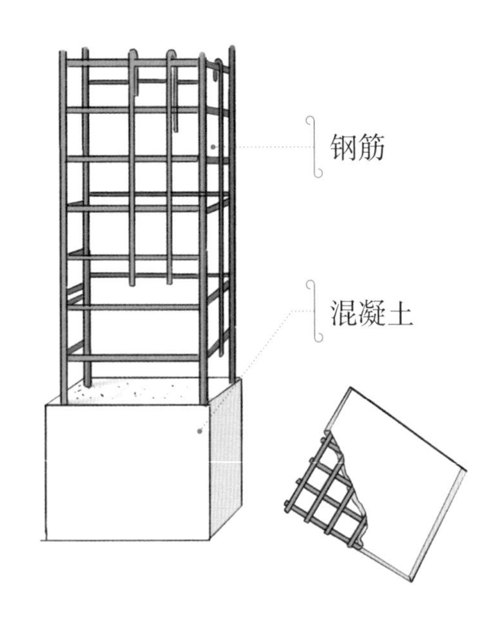

石油给我们生活带来便利

汉朝甚至更早，古人已经发现了“石油”，人们用它来点灯、制药、打仗等。今天人们发掘出石油的更多用途：交通工具的燃料、加工成塑料制品、制成衣服和化妆品等生活用品……

一日三餐有了新追求

中国人在饮食上十分讲究，烹饪时追求色香味俱全，直到今天，厨师、营养学家还在乐此不疲地创新，除了好吃、饱腹之外，也更加注重健康。

对于正在长身体的小朋友们，每一餐都要吃得科学营养。少吃高糖类、重口味食物，少喝饮料，也不要吃脂肪含量太高的食物。

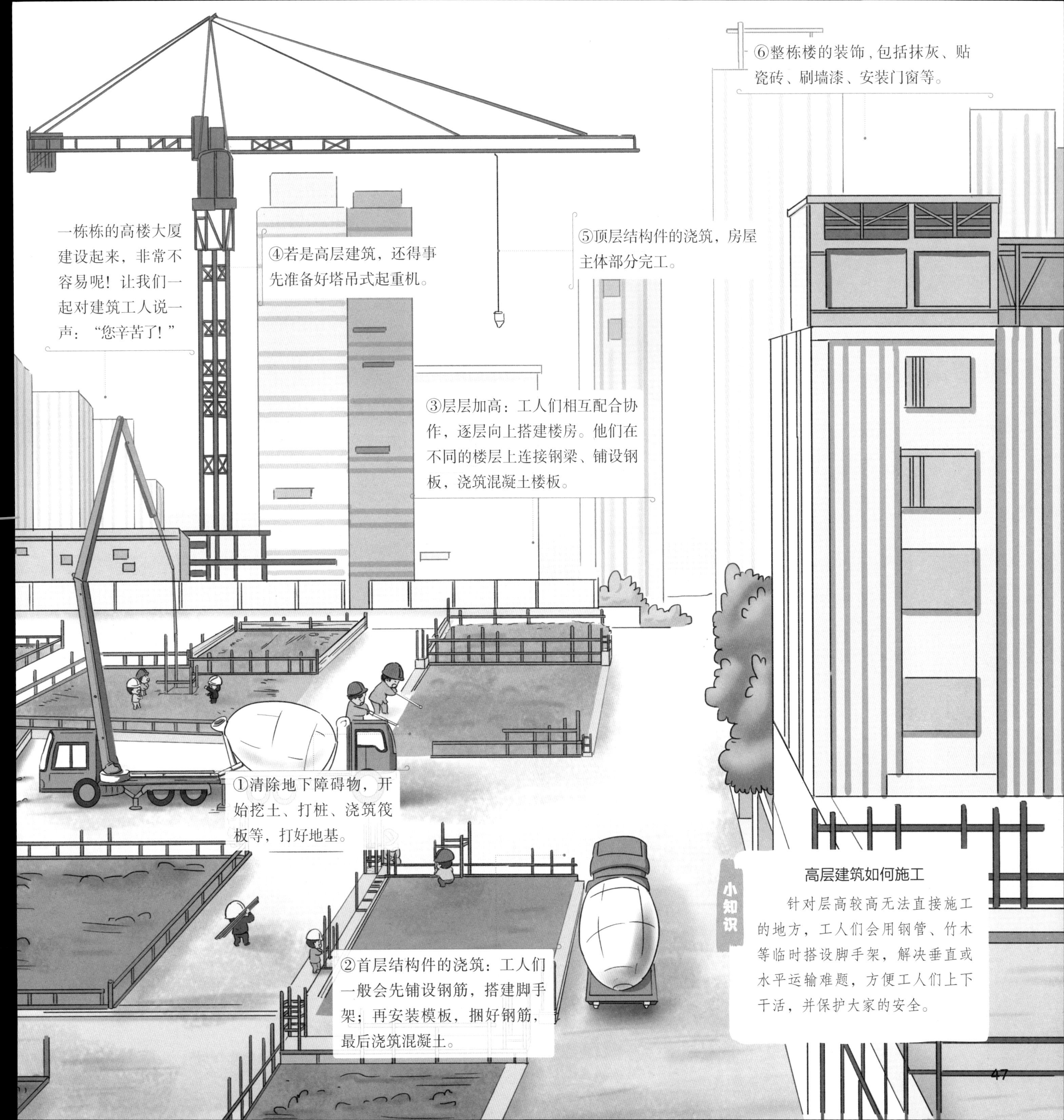
一栋栋的高楼大厦建设起来，非常不容易呢！让我们一起对建筑工人说一声：“您辛苦了！”
④若是高层建筑，还得事先准备好塔吊式起重机。
⑤顶层结构件的浇筑，房屋主体部分完工。
⑥整栋楼的装饰，包括抹灰、贴瓷砖、刷墙漆、安装门窗等。
③层层加高：工人们相互配合协作，逐层向上搭建楼房。他们在不同的楼层上连接钢梁、铺设钢板，浇筑混凝土楼板。
①清除地下障碍物，开始挖土、打桩、浇筑筏板等，打好地基。
②首层结构件的浇筑：工人们一般会先铺设钢筋，搭建脚手架；再安装模板，捆好钢筋，最后浇筑混凝土。
小知识
高层建筑如何施工
针对层高较高无法直接施工的地方，工人们会用钢管、竹木等临时搭设脚手架，解决垂直或水平运输难题，方便工人们上下干活，并保护大家的安全。

未来的我们还会住在地球上吗

随着科技的迅速发展，人类已经加快了探索浩瀚宇宙的脚步，也许有一天，我们的家会落在茫茫太空中的某个星球之上。那时，我们的生活会是什么样子呢？小朋友们，开启你们的奇思妙想，拿笔画出属于你们的太空之家吧！